Juliane Sikora

Der tertiäre Bildungssektor in Frankreich

GRIN Verlag

Bibliografische Information der Deutschen Nationalbibliothek:

Die Deutsche Bibliothek verzeichnet diese Publikation in der Deutschen National-
bibliografie; detaillierte bibliografische Daten sind im Internet über http://dnb.d-
nb.de/ abrufbar.

Impressum:

Copyright © 2005 GRIN Verlag GmbH
Druck und Bindung: Books on Demand GmbH, Norderstedt Germany
ISBN: 978-3-640-86287-0

Dieses Buch bei GRIN:

http://www.grin.com/de/e-book/76712/der-tertiaere-bildungssektor-in-frankreich

Universität Regensburg

Sommersemester 2005

Institut für Geographie

Lehrstuhl für Wirtschaftsgeographie

HS Frankreich

Der tertiäre Bildungssektor in Frankreich

Juliane Sikora

1

Inhaltsverzeichnis

1 Historische Entwicklung des französischen Hochschulwesens

Bereits seit dem Mittelalter stellt Frankreich und vor allem seine Hauptstadt Paris „eines der bedeutendsten Zentren des abendländischen Geisteslebens" (Pletsch, 2003, S.335) dar. Im Folgenden werden einige historische Begebenheiten herausgegriffen, die zum Verständnis der in den Kapiteln 2 bis 5 dargestellten Struktur und Merkmale des tertiären Bildungssektors, wie er sich heutzutage darstellt, von essentieller Bedeutung sind.

Von jeher gab es Kontroversen bezüglich der Zuständigkeiten im Bereich des Hochschulwesens. Die Pariser Universität Sorbonne wurde im Jahr 1253 von einer Vereinigung von Kirchenlehrern gegründet (vgl. www.paris4.sorbonne.fr, 2005: Online im Internet). Von Beginn an herrschte Uneinigkeit darüber, ob die Zuständigkeit für diese Bildungseinrichtung beim Staat oder bei der Kirche läge. Diese Diskussion entwickelte sich im Laufe der nachfolgenden Jahrhunderte zum „Leitmotiv des französischen Bildungswesen" (Pletsch, 2003, S.335). Sowohl in den Primarschulen als auch in den Universitäten behauptete sich bis zur Zeit der Aufklärung im 18. Jahrhundert letztendlich die Kirche, was das Ausbleiben königlicher Unterstützung zur Folge hatte. Der Adel hingegen widmete sich dem Aufbau und der Förderung von kleinen, spezialisierten Akademien, welche später zu den heute noch existenten Eliteschulen weiterentwickelt wurden. Eine dieser Akademien ist das *Collège de France*, welches im Jahr 1530 von Franz I. ins Leben gerufen wurde (vgl. www.collège-de-france.fr, 2005: Online im Internet).

Seit jeher genießt der tertiäre Bildungssektor aufgrund der großen Zahl renommierter Wissenschaftler, die aus seinen Bildungseinrichtungen hervorgingen, weltweites Ansehen. Während der Renaissance und der Epoche des Barock etwa wurden in Paris eine Reihe namhafter Wissenschaftler ausgebildet, unter ihnen auch Forscher aus der Geographie und deren Nachbargebieten. Zu ihnen zählen die Erfinder der modernen Landvermessung Picard und Cassini, der Wissenschaftler Pascal, welcher am *Puy de Dome* im Zentralmassiv die erste barometrische Höhenmessung durchführte, sowie die Begründer der ersten modernen Pflanzensystematik, Tournefort und Linné (vgl. Pletsch, 2003, S.335).

Die Dominanz der Kirche machte die unter ihrem Einfluss stehenden Universitäten zu tendenziell eher konservativen Bildungsinstitutionen. Einer der Haupteinflüsse während der Entwicklung des Bildungssystems, gerade an den vom Jesuitischen Orden gegründeten *collèges*, war und ist das jesuitische Bildungsprinzip. Im Mittelpunkt stehen die Förderung der Selbsttätigkeit und Handlungsorientierung der Schüler, wodurch deren Denk- und Diskussionsfähigkeit gefördert werden soll (vgl. Pletsch, 2003, S.332). Diese jesuitischen Einflüsse haben, trotz der Auflösung des Ordens 1773, immer noch eine signifikante Bedeutung. Bis zum heutigen Tag wird diese Art der Förderung in vielen europäischen Ländern als zentrales Element und Ziel der schulischen und universitären Ausbildung angesehen (vgl. Pletsch, 2003, S.335).

Während des 19. Jahrhunderts, als Bildungsreformen ins Zentrum des Interesses rückten, gewannen die Schriften Rousseaus immer mehr an Bedeutung. Sein Werk *Emile ou de l'education* aus dem Jahr 1762 befasst sich mit den pädagogischen Möglichkeiten der Erziehung von Kindern und Jugendlichen. Seine fortschrittlichen Ideen beeinflussten Wissenschaftler auf der ganzen Welt, besonders in den USA und Europa. Sein zentrales Interesse bezieht sich im Gegensatz zum jesuitischen Bildungsprinzip auf die Natur des Jugendlichen und darauf, wie die Tugend und das Urteilsvermögen des Jugendlichen am natürlichsten gefördert werden können (vgl. Pletsch, 2003, S.335). Der eigentliche Anstoß für die Bildungsreformen ergab sich aus der vorangegangenen französischen Revolution im Jahr 1789. Man wollte das Bürgertum stärken und den Einfluss der Kirche schwächen. Unter anderem entstanden zu dieser Zeit auch die ersten Eliteschulen in Form der *grandes écoles*. Laut einem Bericht Concordets aus dem Jahr 1792 war das gesellschaftliche Ziel von Erziehung und Bildung die Entwicklung einer vernunftbasierten Moral. Dieses Vorhaben konnte allerdings nur durch die Ausbildung weltlicher Lehrer erreicht werden, was sich wiederum auf die universitäre Lehrerbildung auswirkte. Diese wird seitdem staatlich organisiert. Auch die Universitäten waren von den reformbedingten Zielvorgaben betroffen. Im Jahr 1793 wurden sämtliche Universitäten unter dem Einfluss des Nationalkonvents geschlossen und durch Lyzeen und Institute ersetzt. Die ehemaligen monarchischen Akademien wurden im gleichen Jahr durch das Institut National ersetzt, welches ausschließlich dem Zweck der Forschung diente und keine Lehrfunktion hatte (vgl. Pletsch, 2003, S.336).

Im Rahmen der zentralistischen Staatsorganisation wurde unter der Herrschaft Napoleons im Jahr 1806 im ganzen Land die ‚kaiserliche' Universität eingeführt. Obwohl sie 1848 „als imperiale Universität wieder beseitigt wurde" (Pletsch, 2003, S. 336) haben ihre Strukturen bis heute Bestand. Das vom Staat beschäftigte Lehrpersonal war einheitlich Mitglied dieser Einrichtung und die französische Bildungslandschaft wurde administrativ in die noch heute bestehenden Verwaltungsbezirke unterteilt. Es erfolgte eine umfassende Neugliederung des Bildungssystems. Seit dieser Zeit befinden sich alle Universitäten unter staatlicher Aufsicht und werden von Paris aus zentral verwaltet (vgl. Pletsch, 2003, S.336).

Die endgültige Trennung von Staat und Kirche wurde ab dem Jahr 1879 aufgrund einer Umgestaltung der Gesetze durch den Bildungsminister Jules Ferry vollzogen. Examen unterlagen seitdem der staatlichen Kontrolle, man führte die allgemeine Schulpflicht ein und religiöse Grundfragen mussten auf neutraler Basis behandelt werden. Seit den *Loi Combes* von 1905 hat die Kirche zudem keinen Anspruch mehr auf finanzielle staatliche Unterstützung. Die daraus resultierende Machtzunahme des Staates bezog sich allerdings hauptsächlich auf die Führungsriegen der Gesellschaft (vgl. Passet, 2003, S.214f).

Besonders nach dem 2. Weltkrieg kam es zu bedeutenden Veränderungen im tertiären Bildungssektor. Bis in die 1960er Jahre galten die Universitäten als minderwertige Alternativen zu den selektiven französischen Eliteschulen, den *grandes écoles*. Im Anschluss an den Zweiten Weltkrieg kam es zum Wirtschaftsaufschwung. Es herrschten gleichzeitig Vollbeschäftigung und ein Mangel an hochqualifizierten Arbeitskräften. Aufgrund des rasch steigenden Bedarfs an hochqualifizierten Akademikern in den 1950er und 60er Jahren wurde die Universität immer breiteren Schichten zugänglich gemacht. 1968 versuchte man diese wenig zufrieden stellenden Strukturen aufzubrechen (vgl. Passet, 2003, S.214f). Französische Studenten setzten sich im Mai 1968 mit Demonstrationen und Revolten gegen die Überfüllung der Universitäten und die schlechten Studienbedingungen zur Wehr. Obwohl sich an der Überfüllung und dem zentralistischen System seither nichts geändert hat, gab es in anderen Bereichen tiefgreifende Veränderungen (vgl. Pletsch, 2003, S.336). Man kann also aus sagen, dass die Ereignisse des Mai 1968 in Paris der Ausgangspunkt für die heutige Universitätslandschaft waren. Unter anderem wurden Universitätsgründungen in größeren Provinzstädten vorangetrieben und damit die Ausbildung für den peripheren Raum außerhalb von Paris ermöglicht (vgl. Passet, 2003, S.215). Die zahlenmäßige Zunahme der Universitäten lag allerdings auch daran, dass an manchen Universitäten, wie etwa Lille, Toulouse, Bordeaux oder Montpellier die Universitäten in mehrere Zweige aufgeteilt wurden.

Durch die ökonomische Krise in den 1970er Jahren verloren die Universitäten wieder zunehmend an Ansehen. Diese Entwicklung spitzte sich aufgrund zahlreicher technischer Neuerungen in den kommenden beiden Jahrzehnten noch zu. Die Diskrepanz zwischen den Anforderungen der Berufswelt und der humanistischen Prägung der Universitäten kristallisierte sich immer mehr heraus. Einerseits sollte ein berufsorientiertes, hochspezialisiertes Wissen vermittelt werden. Andererseits wollte man das ‚nationale Erbe' nicht in Vergessenheit geraten lassen. Hierbei geht es um Wissen, das „als objektiv notwendig für den Fortbestand der französischen Nation angesehen wird" (Passet, 2003, S.215).

Auf Anordnung des Staatspräsidenten wurden 1985 durch das Collège de France neue pädagogische und strukturelle Reformvorschläge ausgearbeitet. Ziel war es, Schüler und Studierende zu mehr Selbsttätigkeit und praktischer Erfahrung anzuregen, welche schon durch Wissenschaftler wie Rousseau oder Pestalozzi angepriesen worden waren. Diese, wie auch vorhergehende und nachfolgende Reformversuche, scheiterten an der Traditionsorientiertheit des französischen Bildungssystems und führen auch weiterhin zur Unmündigkeit vieler junger Erwachsener (vgl. Grosse et al., 1997, S.219f), was sich unmittelbar auf die Gestaltung der Lehre an den Universitäten auswirkt.

Seither ist man um eine verstärkte Förderung der Bildung und der Praxisorientierung bemüht. Eine Erhöhung des Bildungs- und Leistungsniveaus in der Gesellschaft wird als Antriebsmotor für die Weiterentwicklung des Staates gesehen.

2 Das französische Hochschulsystem – *L'enseignement superieur*

2.1 Die Verwaltung

Die historische Entwicklung des französischen Bildungssystems hat gezeigt, dass die Struktur des Hochschulsektors entscheidend durch politische Einflüsse geprägt wird. Aufgrund der zentralistischen Ausrichtung Frankreichs liegt die Hauptverantwortung für die Umsetzung der Bildungspolitik in der Hand der Regierung. Der französische Bildungssektor ist in 28 Verwaltungsbezirke, die sogenannten *académies*, aufgeteilt (vgl. Abb. 1). Die *académies* stimmen dabei weitgehend mit den administrativen Grenzen der *régions* überein. Nur in besonders bevölkerungsreichen Regionen gibt es mehrere Verwaltungsbezirke! Im Großraum Paris sind drei *académies* mit insgesamt 17 staatlichen Universitäten angesiedelt (vgl. Abb. 2), woraus die noch immer bestehende Dominanz der Hauptstadt mit ihrem statistisch hohen Anteil an Studentenzahlen resultiert. Die Überwachung und Leitung der Verwaltungsbezirke obliegt dem Nationalen Kultusministerium, dem *Ministère de l'Education nationale, de l'Enseignement supérieur et de la Recherche*, welches seinen Sitz in Paris hat (vgl. Kollmann, 1998, S.27). Jeder Verwaltungsbezirk wird durch einen Rektor, den *recteur*, geleitet, der vom Staat bestimmt wird und über die öffentlichen Lehrbetriebe seiner *académie* entscheidet. Bis 1968 war der Rektor zugleich Leiter der in seinem Bezirk ansässigen Universitäten. Seither hat jede Universität einen eigens gewählten Präsidenten. Im Zuge der zentralistischen Überwachung hat man jedoch die Position des *inspecteur d'académie* eingeführt, welcher dem *recteur* unterstellt ist. Er bewertet das Lehrpersonal und hat sowohl die Bildungsplanung als auch die Bildungskontrolle inne (vgl. Grosse et al., 1997, S.229). Alle Verwaltungsbezirke eingerechnet hat das nationale Kultusministerium, dessen Leiter der französische Erziehungsminister ist, 1,3 Millionen Beschäftigte und ist damit „die größte Behörde Frankreichs" (Pletsch, 2003, S. 336).

Hochschulstandorte nach Verwaltungsbezirken

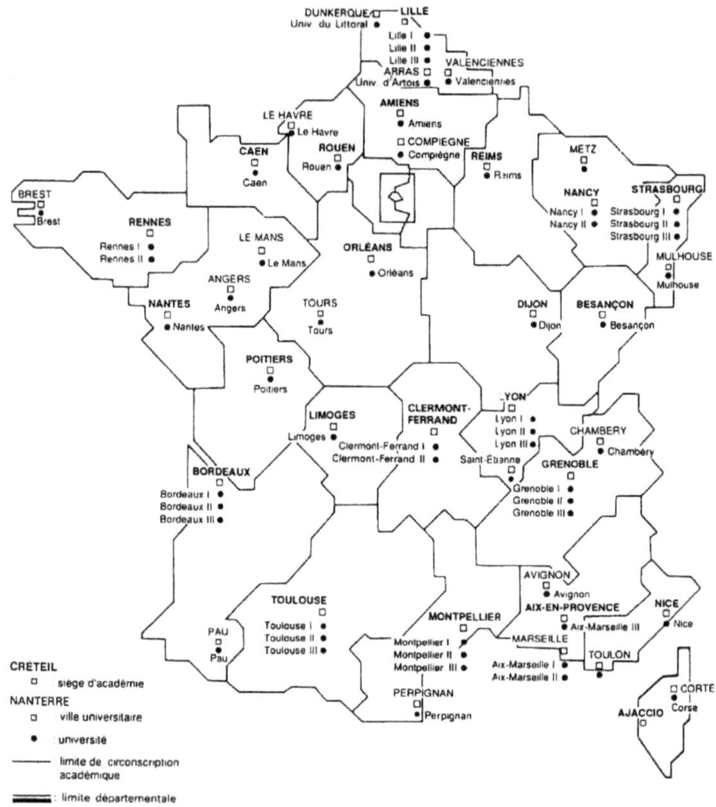

Quelle: *Ministère de l'Éducation nationale, de l'Enseignement supérieur et de la Recherche*

Quelle: *Kollmann, 1998, S. 30.*

Abb. 2: Verwaltungsbezirke und Hochschulen im Großraum Paris

Hochschulen im Großraum Paris

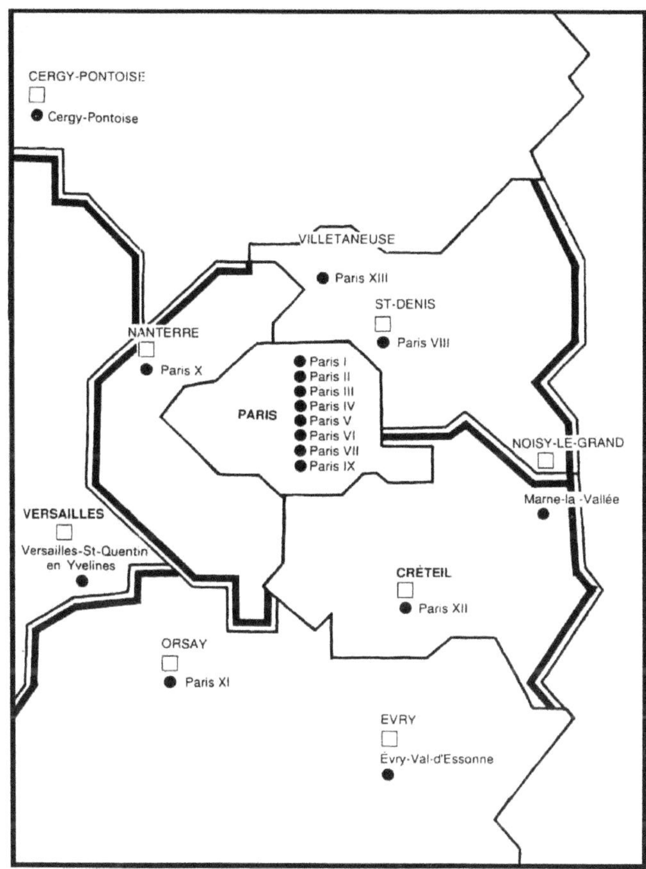

Quelle: Ministère de l'Éducation nationale, de l'Enseignement supérieur et de la Recherche

Quelle: Kollmann, 1998, S. 31.

2.2 Das Baccalauréat

In Frankreich gibt bis einschließlich der achten Klasse ein Gesamtschulsystem. Im Anschluss daran haben die Schüler die Wahl zwischen dem *lycée professionelle*, welches ähnlich den deutschen Berufsschulen auf eine Berufsausbildung vorbereitet, bzw. dem lycée, welches der Oberstufe des deutschen Gymnasium entspricht. Genauso wie in Deutschland erlangen die Schüler des *lycée* nach den Abschlussprüfungen das Abitur, welches in Frankreich als *baccalauréat* oder kurz *bac* bezeichnet wird. Das *baccalauréat* gilt als Zulassungsvoraussetzung für den Eintritt in die Hochschulausbildung. Insgesamt unterscheidet man acht verschiedenen Typen des französischen Abiturs (vgl. Abb. 3) (vgl. Kollmann, 1998, S.32).

Abb. 3: Abiturtypen in Frankreich

A	Geisteswissenschaftlich
B	Wirtschaftlich und sozial
C	Mathematik und Physik
D	Mathematik und Naturwissenschaften
E	Wissenschaft und Technik
F	Industrie und Technologie
G	Betriebswirtschaft und Wirtschaft
H	Informatik

Quelle: Kollmann, 1998, S.32, eigene Darstellung.

Je nachdem, für welchen Typ des *baccalauréat*, welcher als *la série* bezeichnet wird, sich die Schüler entscheiden, beeinflusst dies die spätere Studienwahl. Im Jahr 1990 wechselten 12,9% der Abiturienten mit allgemeinem Abitur, dem *bac général*, in Vorbereitungskurse für die Elitehochschulen, 12,3% in eine STS, 8,5% in ein IUT und mehr als die Hälfte auf eine staatliche Universität. Auf diese Bildungseinrichtungen wird im Folgenden noch genauer eingegangen werden. Absolventen mit *bac technologique* hingegen tendieren eher zu einer technischen bzw. praxisorientierten Ausbildung. 1,1% nahmen an einem Vorbereitungskurs für die Elitehochschulen teil, mehr als die Hälfte gingen auf die STS und lediglich 20,8% entschieden sich für ein Studium an einer Universität (vgl. Grosse et al., 1997, S.261).

3 Die Universitäten

3.1 Allgemeines

Insgesamt gibt es in Frankreich 81 Universitäten. Diese sind genauso wie in Deutschland in Fakultäten, die *facultés* beziehungsweise *facs* und UFRs aufgeteilt. Das Akronym UFR steht für *une unité de formation et de recherche*, was dem deutschen Fachbereich entspricht (vgl. Kollmann, 1998, S.27).

Das Konzept der deutschen ,Universität' darf nicht mit dem der ,*université*' verwechselt werden. Man sollte vielmehr von einer Hochschule sprechen, da viele staatliche Universitäten in Frankreich in der Regel nur über zwei bis drei Fakultäten verfügen. Zum einen die *faculté des sciences et technologies*, welche die Natur- und Ingenieurwissenschaften, die Human- und Zahnmedizin, die Sportwissenschaften und Pharmazie beinhaltet. Zum anderen die *faculté des lettres, arts et sciences humaines*, an der Geistes- und Sozialwissenschaften gelehrt werden. An der dritten Fakultät, der *faculté de droit, sciences politiques, économie et administration* können Wirtschafts-, Rechts-, Politik- und Verwaltungswissenschaften studiert werden (www.frankreich-info.de, 2005b: Online im Internet). Um jedoch eine klare Abgrenzung des Begriffs zu weiteren Alternativen des tertiären Bildungssektors zu gewährleisten und unter Berücksichtigung des oben genannten Bedeutungsunterschiedes, wird in dieser Ausarbeitung dennoch die Bezeichnung Universität verwendet werden.

In Ergänzung zu den Universitäten gibt es nicht-staatliche Fakultäten, an denen profane Disziplinen wie beispielsweise Ökonomie, Recht, Politologie, französische Sprache und Literatur, sowie Philosophie gelehrt werden. Studenten der katholischen Theologie werden ebenfalls an diesen Institutionen ausgebildet, zu denen beispielsweise die *instituts catholiques* gehören (vgl. Passet, 2003, S.216).

Studenten, die eine Ausbildung als Lehrer anstreben, besuchen nach Abschluss des Hauptstudiums eines von 28 *instituts universitaires de formation des maîtres*, kurz IUFMs. Es handelt sich hierbei um spezielle Einrichtungen der universitären Ausbildung. Sie wurden 1991 gegründet und vermitteln sowohl didaktische als auch fachliche Inhalte der Lehrerausbildung.

Die Ausbildung an den IUFMs wird mit einer staatlichen Prüfung, dem CAPES oder auch *certificat d'aptitude pédagogique à l'enseignement secondaire* beziehungsweise der *agrégation* abgeschlossen, welche beide auf dem Ausschlussverfahren, dem *concours* basieren (vgl. Kollmann, 1998, S.27).

Auch in Frankreich besteht die Möglichkeit einen Abschluss im Rahmen eines Fernstudiums zu erwerben. Das TEU oder *télé-enseignement universitaire* wird von 20 Universitäten angeboten und soll den Erfordernissen des 21. Jahrhunderts entsprechend als Auslands-Fernstudium auch „grenzübergreifend gestaltet werden" (Kollmann 1998, S. 28). An der Pariser Universität St.-Denis wird Berufstätigen zudem ein Abendstudium angeboten (vgl. Passet 2003, S.216).

Der französische Hochschulstudent ist stärker pädagogisch geführt als man es vom deutschen Hochschulsystem gewöhnt ist. Das Studium ist durch vorgeschriebene Programme und jährliche Examina festgelegt. Die Wahlmöglichkeiten sind weitaus geringer als dies bei den meisten deutschen Studiengängen der Fall ist. Innerhalb der Studiengänge sind die Studenten in Gruppen aufgeteilt. Sowohl der Besuch von Seminaren als auch die Anwesenheit bei Vorlesungen wird kontrolliert. Wie alle romanischen Länder gibt auch Frankreich der formal methodischen Ausbildung gegenüber der Forschung den Vorrang (vgl. Günther, 1968, S.6). Die pädagogische Ausrichtung des Vorlesungen und Übungen würde man nach pädagogischer Terminologie als Frontalunterricht bzw. lehrerzentriert bezeichnen. Im Rahmen einer Vorlesung erscheint diese Vorgehensweise angebracht. Was jedoch die Übungen angeht, so würde man eine selbstständige Aneignung der jeweiligen Problematik durch den Studenten erwarten. Das Gegenteil ist der Fall. Meist werden Detailinformationen im Diktatstil vermittelt (vgl. Passet, 2003, S.212). Es ist nicht üblich während des Grundstudiums Seminararbeiten schreiben zu lassen. Die Studierenden fertigen zwar Aufsätze an, aber eine eigenständige Denkweise wird dabei nicht verlangt. Auch die Verwendung von Sekundärliteratur ist nicht obligatorisch. Insgesamt kommt es weniger auf den Inhalt als vielmehr auf die Form der Arbeiten an. Während der gesamten Studienzeit wird weder Literatursuche, Quellenarbeit, die Erstellung einer Bibliographie noch die generelle Verwendung von Literatur geübt (vgl. Passet 2003, S.212).

Ein großes Manko der französischen Universitäten ist deren seit langem anhaltende Überfüllung und die daraus resultierenden schlechten Studienbedingungen. Gerade diese Entwicklung hat einen direkten Einfluss auf die oben beschriebene pädagogische Ausrichtung. Interaktive Arbeitsweisen an der Universität sind nur möglich, wenn die Anzahl der Studenten, die von einem Dozenten betreut werden, ein gewisses Maß nicht überschreitet. Im Zeitraum zwischen 1981 und 1995 verdoppelte sich die Studierendenzahl. Im Vergleich zu den Zahlen von 1960 kam es sogar zu einer Versiebenfachung der Hochschulstudenten (vgl. Pletsch, 2003, S.338). Trotz des im Vergleich zu anderen europäischen Ländern hohen prozentualen Anteils eingeschriebener Vollzeitstudenten (vgl. Abb. 4), erreichen weniger als 50% der Studierenden einen universitären Abschluss. Die oben erwähnten katastrophalen Studienbedingungen und die gleichzeitig strengen und schwierigen Abschlussbedingungen tragen nicht zu einer Verbesserung dieses Problems bei (vgl. Pletsch, 2003, S.338).

Abb. 4: Prozentualer Anteil der Vollzeitstudenten an der in Ausbildung befindlichen Bevölkerung im Jahr 2000

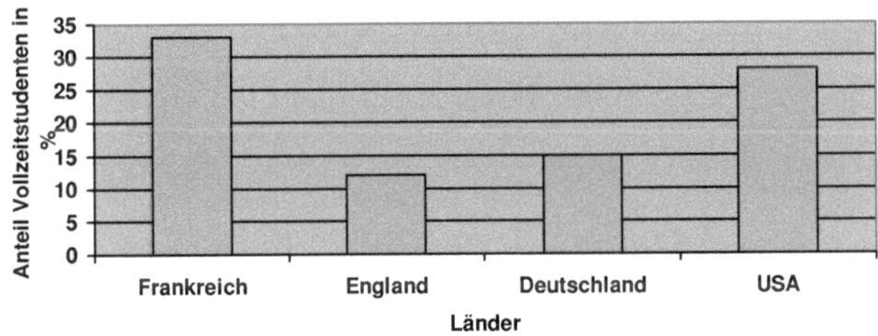

Quelle: Pletsch, 2003, S.338f, eigene Darstellung.

Ein weiterer Grund für die nicht reglementierbaren Studierendenzahlen ist die Gesetzgebung der französischen Verfassung. Diese besagt, dass jeder Bürger das uneingeschränkte Recht auf Bildung hat. Daher müssen für ein Universitätsstudium in Frankreich auch keine Studiengebühren entrichtet werden. Je nach Studienabschnitt ist lediglich eine jährliche Immatrikulations- und Verwaltungsgebühren zu zahlen.

Für das Grundstudium liegt die Gebühr im Studienjahr 2004/2005 bei 150 Euro, für die *maîtrise* bezahlt der Student 190 Euro und für ein Ingenieur-Diplom 450 Euro (www.stern.de, 2005b: Online im Internet). Es ist jedoch anzumerken, dass die Qualität der Ausbildungsgänge unter dieser Kostenfreiheit leidet. Im Studiengang Geographie gibt es beispielsweise keine Exkursionen, da die Kostenfreiheit der Studienangebote an oberster Stelle steht.

Genauso wie in Deutschland können in Frankreich staatliche Unterstützungsleistungen beantragt werden. Diese liegen je nach Haushaltseinkommen der Eltern zwischen 1315 und 3554 Euro pro Jahr. Der Anteil der unterstützungsberechtigten Studenten ist über die Jahre kontinuierlich angestiegen (vgl. Abb. 5). Dies ist unter anderem ein Anzeichen für den Anstieg von Studierenden aus finanziell schwächer gestellten Familien. Im Studienjahr 2001-2002 kamen 30% der französischen Studierenden in den Genuss dieser Zahlungen (www.stern.de, 2005b: Online im Internet).

Abb. 5: Anteil der Empfänger staatlicher Unterstützungsleistungen an der Gesamtzahl der Studierenden

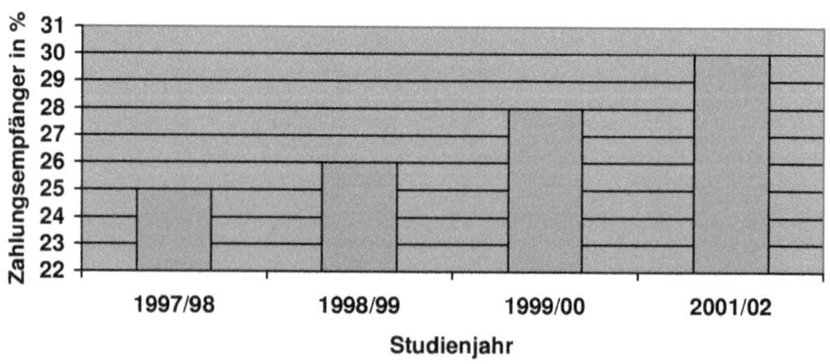

Quelle: Schmude, 2005, eigene Darstellung.

3.2 Bewerbung und Aufnahmeverfahren

Die Universität versteht sich als offener Bereich des tertiären Bildungssektors. Für die Fachstudiengänge der philosophischen, juristischen oder wirtschaftswissenschaftlichen Fakultäten der staatlichen Universitäten gibt es daher keine Zulassungsbeschränkung. Wer also die traditionellen Abschlüsse DEUG, *licence* oder *maîtrise* anstrebt, kann im Anschluss an das *baccalaurèat* direkt mit einem Universitätsstudium beginnen. Im Gegensatz zu den Elitehochschulen gibt es an französischen Universitäten keine schriftlichen oder mündlichen Eingangsprüfungen (www.frankreich-info.de, 2005a: Online im Internet).

Eine Ausnahmeregelung besteht jedoch für die Studiengänge des Gesundheitswesens. Es gibt zwar keine Zulassungsbeschränkung. Allerdings müssen Studierende der Medizin, Zahnmedizin oder Pharmazie nach dem ersten Studienjahr eine Prüfung ablegen, die nur so viele Prüflinge bestehen, wie Studienplätze vorhanden sind. Man spricht hier vom Selektionsprinzip *sur classement*, das nichts anderes als einen verspäteten oder indirekten Numerus Clausus darstellt. Diese Prüfung darf lediglich zweimal absolviert werden. (vgl. Kollmann, 1998, S.36).

3.3 Das Studium

Ein französischer Abiturient, der eine Ausbildung an einer Hochschule anstrebt, muss sich zunächst für ein Studienfach und den Studienort und daraufhin fur einen Ausbildungs- oder Studiengang entscheiden. Letztere werden auch als *filières* bezeichnet und bestimmen die fachliche Orientierung, die berufliche Ausrichtung, die Studiendauer, die Art des Zugangs zum Studium, d.h. frei oder per Auswahlverfahren, die Art des Abschlusses und schließlich auch die beruflichen Perspektiven. Es gibt an französischen Hochschulen keine Vorlesungsverzeichnisse. Sämtliche wichtigen Informationen erhält man in Form von Broschüren, die eine ausführliche Beschreibung der *filières* enthalten. Diese Unterlagen sind direkt bei den Universitäten erhältlich und sollten aufmerksam gelesen werden, da sich der Student mit seiner Entscheidung für die kommenden Jahre festlegen muss (vgl. www.frankreich-info.de, 2005e: Online im Internet). An französischen Universitäten ist es üblich, nur ein Fach zu studieren. Dieses wird jedoch mit Nebenfächern kombiniert (vgl. Grosse et al., 1997, S.256).

	Studienjahr	Universität		
3. cycle	8.	Doktorand (Spezialisierung)		
	7.			
	6.			
	5.	DEA	DESS	
2. cycle	4.	Maîtrise		
	3.	Licence		
1. cycle	2.	DEUG		
	1.			

Quelle: Pletsch, 2003, S. 338, eigene Darstellung.

Der Studienaufbau an den Universitäten ist in drei Teile, die *cycles*, gegliedert (vgl. Abb. 6). Zunächst das in der Regel zweijährige Grundstudium, den 1er *cycle*, im Anschluss daran das ebenfalls zwei Jahre andauernde Hauptstudium, den 2ème *cycle* und schließlich das Postgraduierten-Studium, den 3ème *cycle*. Die Dauer des Postgraduierten Studiums ist dabei vom Studiengang abhängig und kann ein bis fünf Jahre in Anspruch nehmen. Nach dem Abschluss des Grundstudiums bietet sich den Studierenden eine Vielzahl von Spezialisierungsmöglichkeiten, was sich in einer immer variabler werdenden Gestaltung des Hauptstudiums äußert. Das gleiche gilt auch für die nach dem Hauptstudium folgenden Aufbaustudiengänge (vgl. www.frankreich-info.de, 2005d: Online im Internet). Im 1er *cycle* kann der Student zwischen 11 Fachrichtungen mit insgesamt 36 Ausbildungsrichtungen, den sogenannten *mentions* wählen. Innerhalb des 2ème *cycle* gibt es über 500 Spezialisierungsmöglichkeiten und beim 3ème *cycle* unterscheidet man schließlich über 1000 verschiedene Spezialisierungen (vgl. www.frankreich-info.de, 2005e: Online im Internet).

Während dem *1er cycle* sollen sich die Studierenden zunächst im Studium orientieren und sich die Grundlagen ihres Studienfaches aneignen. Die Zahl der Studenten, die diesen Abschnitt des Studiums nicht besteht liegt bei knapp 50% (vgl. www.frankreich-info.de, 2005d: Online im Internet). Durchschnittlich 30% bestehen das Grundstudium nach zweijähriger Studienzeit. Weitere 15 - 20% schaffen es nach insgesamt 3 Jahren (vgl. Grosse et al., 1997, S.256). Diesem Missstand versucht man durch flexiblere Studiengänge und Tutorenprogramme Abhilfe zu schaffen. Während dem *deuxième cycle* erfolgt eine erste Spezialisierung, welche im *troisième cycle* noch ausgebaut wird (vgl. www.frankreich-info.de, 2005d: Online im Internet).

Das Grundstudium, also der *1ère cycle* wird mit dem DEUG, dem *diplôme d'études universitaires générales* abgeschlossen, welches der deutschen Zwischenprüfung bzw. dem Vordiplom entspricht und gleichzeitig die Zulassung zum Hauptstudium darstellt. Das DEUG ist ein national anerkanntes Hochschuldiplom (vgl. Kollmann 1998, S.35).

An das DEUG schließt sich die *licence* an, welche nach insgesamt drei Studienjahren absolviert wird. Sie ist die Zugangsvoraussetzung für das zweite Studienjahr des Hauptstudiums. Für die *licence* gibt es derzeit in Deutschland keine Entsprechung (vgl. Kollmann, 1998, S.35). Wenn Studierende überdurchschnittliche Leistungen vorweisen können, haben sie zudem die Möglichkeit nach Abschluss der *licence* an einer Aufnahmeprüfung teilzunehmen und an eine Elitehochschule zu wechseln (vgl. www.frankreich-info.de, 2005g: Online im Internet). Nach insgesamt 4 Studienjahren folgt die *maîtrise*, welche dem deutschen Magister- oder Diplomabschluss entspricht. Auch in Frankreich müssen die Studenten gegen Ende des Studiums eine Diplom- bzw. Staatsarbeit verfassen, welche als *le mémoire de maîtrise* bezeichnet wird (vgl. Kollmann, 1998, S.35). Mit dem Erreichen der *maîtrise* gilt der *2ème cycle* als abgeschlossen. Wer eine Karriere im öffentlichen Dienst anstrebt, muss im Besitz der *maîtrise* sein, welche als Voraussetzung für die Teilnahme an den entsprechenden Aufnahmeverfahren gilt (vgl. www.frankreich-info.de, 2005g: Online im Internet). Das erfolgreiche Bestehen dieses zweiten Studienabschnittes ist zudem Voraussetzung für die Teilnahme an den Examina der Lehrerausbildung. Sowohl die *agrégation* als auch das CAPES, finden nach dem *Concours*-Prinzip statt. Hier stehen der Wettkampf mit anderen und die Leistungsschau im Vordergrund (vgl. Passet 2003, S.218f.). Wer nach Abschluss der *licence* das CAPES erfolgreich besteht wird nach einjähriger pädagogischer Ausbildung *professeur certifié*. Das Bestehen der sich an die *maîtrise* anschließenden agrégation und ebenfalls ein pädagogisches Ausbildungsjahr führen zur Qualifikation als *professeur agrégé*. Letzteres sind Lehrer, die zum einen besser bezahlt werden und zum anderen eine geringere Anzahl an Wochenstunden ableisten müssen als die *professeurs certifiés*. Die für die Prüfungsvorbereitung vorgeschriebenen Themenkataloge des CAPES und der *agrégation* unterscheiden sich deutlich in ihrem Umfang. Letztere stellt bei weitem höhere Anforderungen an den Prüfling (vgl. Grosse et al., 1997, S. 257).

Besonders begabte Studierende können zusätzlich ein Postgraduiertenstudium abschließen (vgl. www.frankreich-info.de, 2005g: Online im Internet). Prinzipiell steht diese Möglichkeit jedem Studenten offen, der die *maîtrise* erreicht hat. Allerdings gibt es für die Aufnahme in einen dieser Aufbaustudiengänge sehr strenge Aufnahmeregelungen. Die Studierenden müssen eine umfangreiche Bewerbungsmappe, die die bisher erbrachten Studienleistungen ausweist, einreichen. Diese wird in der Regel durch ein Motivationsschreiben ergänzt, in dem man seine Gründe für eine Fortführung des Studiums überzeugend darlegt bzw. die Inhalte des angestrebten Studienganges in Aufsatzform darstellt. Ziel des dritten Studienabschnittes ist das Erreichen des DESS, das im Französischen als *diplôme d'études* supérieures spécialisées bezeichnet wird. Man versucht im hierbei praxisorientierte Inhalte einzubinden, die mit der angestrebten Karriere in direktem Zusammenhang stehen. Aus diesem Grund ist auch das Absolvieren eines Praktikums verpflichtend. Darüber hinaus muss zum Erreichen des DESS ein studienrelevantes Thema in Gruppen- oder Einzelarbeit behandelt oder eine schriftliche Arbeit verfasst werden (vgl. www.frankreich-info.de, 2005h: Online im Internet). Das DESS wurden geschaffen, um eine berufs- und praxisorientierte Alternative zur Übermacht der Elitehochschulen zu bieten. Die Zahl der Studierenden, die diesen Abschluss anstreben ist ansteigend (Grosse et al., 1997, S.258).

Um an einer französischen Universität promovieren zu dürfen, kann der Student alternativ zum DESS das DEA, das *diplôme d'études approfondies* absolvieren. Dieses schließt sich ebenfalls an die *maîtrise* an. Der Schwerpunkt liegt hier jedoch auf der Vermittlung fachlich fundierter Kenntnisse über die Anfertigung bzw. Betreuung einer wissenschaftlichen Arbeit. Nach Abschluss des DEA bewirbt man sich über einen

Betreuer um die Erlaubnis, eine Dissertation zu beginnen. Die Forschungsarbeit wird dabei in der Regel in Kooperation mit einem Forschungsinstitut der Universität oder einem der vielen öffentlichen oder privaten Forschungsunternehmen durchgeführt. Die Dauer einer Promotion liegt zwischen drei und vier Jahren. Nach Beendigung muss der Promovierende seine Arbeit einem wissenschaftlichen Gremium vorstellen und seine Vorgehensweise rechtfertigen. Das Verfahren der Habilitation läuft nach einem ähnlichen Schema ab. Zusätzlich müssen dem Prüfungsgremium die seit der Promotion geleistete Forschungsarbeit und damit verbundene Forschungsaufträge, sowie die absolvierte Lehrtätigkeit vorgetragen werden. Wer sich für eine Habilitation bewirbt, sollte zudem weitere wissenschaftliche Arbeiten veröffentlich haben, welche die Prüfungskommission kritisch bewerten kann (vgl. www.frankreich-info.de, 2005h: Online im Internet). Die früher zum Erreichen der Habilitation übliche *Thèse d'Etat* hat man abgeschafft, da sie mit einer etwa zehnjährigen Forschungstätigkeit verbunden war – eine Spezialarbeit, die heute in dieser Form nicht mehr gewünscht ist. Man bevorzugt eher Wissenschaftler, die sich einer „diversifizierenden Forschungstätigkeit" (Grosse et al., 1997, S.258) widmen.

Manche Universitäten bieten die Möglichkeit ein DU abzulegen. Dieses *diplômes d'université* wird vom Erziehungsministerium nicht anerkannt. Hintergrund dieses Diploms sind meistens universitätsinterne Verwendungszwecke oder das Erreichen einer weiteren Qualifikation. Diese Art des Diploms wird in allen Fachrichtungen angeboten (vgl. www.frankreich-info.de, 2005h: Online im Internet).

Seit dem Studienjahr 1989/90 wurden die *magistères* neu eingeführt. Hierbei handelt es sich um dreijährige Diplomstudiengänge, von denen es bei der Einführung 67 gab. Die Ausbildung ist berufsbezogen und interdisziplinär. Im Bezug auf die Geisteswissenschaften ist Geographie das einzige Fach, welches im Rahmen der *magistères* studiert werden kann (vgl. Kollmann 1998, S.35). Obwohl dieser Studiengang bei Unternehmen sehr anerkannt ist, sind Studenten eher an dem als Prestigealternative zu den *magistères* geschaffenen *mastère* interessiert. Der *mastère*-Abschluss wird von den Elitehochschulen angeboten (Grosse et al., 1997, S. 259).

Auch in Frankreich gibt es in manchen Studiengängen eine Art Modularisierung. Dabei schreiben die Studierenden nach etwa jeder dritten Übung kleine Tests, sogenannte *contrôle continu*. Der Vorteil für den Studenten liegt darin, dass die Einzelnoten, welche er auf diese Weise im Verlauf des Studienjahres erwirbt, zu einer Gesamtnote addiert werden, die er in Form eines Leistungsnachweises oder Scheins, der *unité de valeur*, erhält. Auf diese Weise kann er eine Abschlussprüfung, die den Stoff des gesamten Studienjahres abfragt, umgehen. Das DEUG erreicht man, indem man 12 Scheine innerhalb von zwei, maximal drei Jahren ablegt. Mit insgesamt 16 Scheinen erlangt man den Grad der *licence* und darf mit dem Magisterstudium, der *maîtrise* fortfahren (vgl. Passet, 2003, S.212).

Das Medizinstudium ist etwas anders aufgebaut. Studierende durchlaufen eine sechsjährige, sehr praxisorientierte Ausbildung. Nach jedem Studienjahr werden Leistungsnachweise verlangt, um für das folgende Studienjahr zugelassen zu werden. Das in Deutschland abgeleistete Praktische Jahr ist mit dem DCEM 4 vergleichbar, welches im zweiten Jahr des 2ème *cycle* abgeleistet wird. Gegen Ende des Studiums verfasst der Student eine Doktorarbeit, die ihm gleichzeitig zum Tragen des Doktortitels berechtigt. Das Studium wird mit der Abschlussprüfung CSCT, dem *certificat de synthèse clinique et thérapeutique* beendet. Im Anschluss daran erfolgt die Facharztausbildung (vgl. Kollmann, 1998, S.36).

Das Studium in Frankreich ist in Studienjahre gegliedert. Beginn des Studienjahres ist der 1. Oktober. Die Vorlesungszeit beschränkt sich in der Regel auf den Zeitraum vom 15. Oktober bzw. 1. November bis 30. Mai. Das Studienjahr endet am 1. Juni. Ab dann beginnt die Examensperiode. Von Mitte bzw. Ende Juni bis Anfang Oktober haben die Studenten Sommerferien. Zudem wird ihnen zu Weihnachten und Ostern eine jeweils 14-tägige Ferienzeit gewährt (vgl. Günther, 1968, S.5). Wer die Prüfungen am Ende des Studienjahres nicht besteht, hat die Möglichkeit diese teilweise oder das Studienjahr im Ganzen zu wiederholen. In der Regel kann ein Studium nur im Herbst begonnen werden (vgl. www.frankreich-info.de, 2005c: Online im Internet).

Wenn man in Frankreich den Studienfortschritt rechnerisch darstellen möchte, so geht man immer von *bac* + *Zahl* aus. Gemeint ist hier die Zahl der Studienjahre, die im Anschluss an das Abitur für den jeweiligen Abschluss aufgewendet werden müssen. Für einen Abschluss als Ingenieur benötigt man beispielsweise das Abitur und weitere 5 Studienjahre. Man würde hier von bac + 5 sprechen. Die Bezeichnung wird sowohl vor als auch während des Studiums und auch bei der Entscheidung zugunsten einer Berufsausbildung verwendet (vgl. Kollmann, 1998, S. 32). Diese Art der Darstellung ist ein klares Anzeichen für die Fixiertheit der französischen Schüler und Studenten auf Qualifikationsstufen und deren entsprechende Diplome (vgl. Grosse et al., 1997, S.261).

Grundsätzlich wird an den Universitäten selbst wenig Forschung betrieben. Diese Aufgabe wird in der Regel von unabhängigen Forschungsinstituten wie dem CNRS, dem *Centre National de la Recherche Scientifique*, übernommen (vgl. Passet, 2003, S.215). Diese bekommen selbstverständlich auch die Forschungsgelder, welche den Hochschulen auf diese Art und Weise vorenthalten bleiben. Einer der Gründe, der die Entwicklung des französischen Forschergeist einschränkte war die Tatsache, dass die der Habilitation entsprechende *thèse d'Etat* zwischen acht und zehn Jahren in Anspruch nahm und daher eher unpopulär war (vgl. Grosse et al., 1997, S.240).

Französische Studenten arbeiten hart und auch außerhalb der Universität. Die studentische Kultur ist daher während des Studienjahres wenig entwickelt. Traditionelle Wohngemeinschaften, Studentenkneipen oder Clubs gibt es nur wenige. Sofern man jedoch die Prüfungen am Ende des Studienjahres bestanden hat, wird die Urlaubsphase während der Semesterferien auch zur Erholung genutzt (vgl. Passet, 2003, S.213).

Die Sorbonne in Paris ist älteste Universität Frankreichs. Trotz vieler Reformen und veränderter Denkanstöße hat sie sich ihre stark konservative Gesinnung bewahrt. Nur Paris II Assas zeichnet sich durch eine noch rechtere Einstellung aus. Paris VII – St. Denis und Paris VIII – Jussieu bilden den linken Flügel. Gerade St. Denis ist aufgrund seiner prominenten Dozenten – Foucault, Lacan, Macciocchi, Lyotard, Châtelet, Meschonic - international bekannt und anerkannt. Im eigenen Land wird es als „linkes Wespennest" (Passet 2003, S.216) denunziert und man gibt lieber den konservativen Absolventen der Sorbonne den Vorzug.

4 Die Grandes écoles

4.1 Allgemeines

Viele *Baccalauréat*-Absolventen streben jedoch in erster Linie ein Studium an einer der Elitehochschulen, den *grandes écoles* und nicht an einer Universität an. Die Mehrheit der mehr als 90 Elitehochschulen Frankreichs sind staatliche Hochschulen. Zudem gibt es etwa 200 sogenannte *écoles d'ingenieurs*, die verschiedenen Ministerien, den Handelskammern oder Privatpersonen unterstehen (vgl. Kollmann, 1998, S. 28). Die verschiedenen *grandes écoles* bieten eine Vielzahl von Ausbildungsrichtungen an. Im folgenden seien einige Ausbildungsmöglichkeiten, sowie jeweilige Beispiel-Hochschulen erwähnt: INGENIEURWISSENSCHAFTEN – École Nationales Supérieures d'Ingénieurs ENSI, Écoles Nationales d'Ingénieurs ENI; TECHNOLOGISCHE FÄCHER – École Polytechnique, École Centrale, École des Ponts et Chaussées; WIRTSCHAFTSWISSENSCHAFTEN – École des Hautes Études Commerciale HEC, École des affaires Paris; VERWALTUNG UND POLITISCHE WISSENSCHAFTEN – École Nationale d'Administration ENA, Institutes d'études politiques IEP; GEISTESWISSENSCHAFTEN – Écoles Normales Supérieures ENS; AGRARWISSENSCHAFTEN – Institut National agronomique INA (vgl. Kollmann 1998, S. 28).

Ein interessantes Phänomen ist die Tatsache, dass in Frankreich die Ingenieurausbildung an den *grandes écoles* stattfindet. Dies ist historisch begründet. Der Bedarf an „spezialisierten Kräften für den Brücken-, Straßen- und Bergbau" (Grosse et al., 1997, S.254) war Ende des 18. Jahrhunderts enorm hoch. Die Tatsache, dass zur Zeit der Gründung der *grandes écoles* Ende des 18. bzw. Anfang des 19. Jahrhunderts, die humanistisch geprägten Universitäten diesen Bildungssektor nicht abdeckten, führte schließlich zur Dominanz der *grandes écoles* im Bereich der Ingenieurstudiengänge. Auch heute noch bildet die überwiegende Zahl dieser Elitehochschulen nach „eng umrissenen Berufsbildern" (Passet, 2003, S.221) aus.

Besonders die unter staatlicher Trägerschaft stehenden *grandes écoles* richten sich sehr stark nach staatlichen Interessen und unterstehen dabei den jeweiligen Ministerien. Studenten der *école navale* beispielsweise sind prädestiniert für eine Karriere im

Armeeministerium (vgl. Passet, 2003, S.222). Nahezu jedes Ministerium hat seine eigene *grande école,* in denen die zukünftigen Inhaber von Führungspositionen ausgebildet werden (vgl. Grosse et al., 1997, S.252). Der amtierende Staatspräsident Chirac absolvierte sein Studium an der renommierten ENA, der *École Nationale d'Administration* (vgl. Grosse et al., 1997, S.255). Die ENA besitzt eine Sonderstellung. Sie untersteht dem Premierminister und bildet staatliche Führungskräfte aus.

Zudem gibt es eine enge Verbindung zu Industrie und Wirtschaft. Deren ranghohe Vertreter haben Posten im Verwaltungsrat der *grandes écoles* und in Prüfungskommissionen inne. Oftmals sind sie auch als Professoren tätig. Auch ihr Einfluss auf das eigentliche Lehrprogramm ist enorm. Wer einmal zur Elite im engeren Sinn gehören möchte, kommt nicht umhin ein Studium an der *École Polytechnique,* dem *Institut d'Études Politiques* oder der oben genannten *École Nationale d'Administration* aufzunehmen. Alle drei bilden Spitzenführungskräfte für Staat und Wirtschaft aus, unter anderem hohe Staatsbeamte, Politiker oder Manager. Ziel ist dabei nicht sich ein fachliches Spezialwissen anzueignen. Vielmehr geht es darum Generalisten mit einem möglichst breitgefächerten Allgemeinwissen auszubilden, sowie fundierte Fertigkeiten zur gegebenenfalls raschen und selbstständigen Aneignung von Fachwissen zu vermitteln (vgl. Passet, 2003, S.222).

Gerade im Bereich der Forschung herrschen an den Elitehochschulen noch größere Defizite als den Universitäten. Studierende der *grandes écoles* absolvieren daher oftmals parallel ein Hauptstudium an einer normalen Universität und schließen dieses mit der *licence* bzw. *maîtrise* ab. Selbst, wenn dieser enorme Arbeitsaufwand von bis zu 80 Stunden pro Woche dazu führt, dass Studenten der *grandes écoles* das Abschlussdiplom nicht erreichen, stehen die Aussichten auf eine berufliche Karriere gut (vgl. Passet, 2003, S.222).

Vor dem Hintergrund eines zusammenwachsenden Europas und der zunehmenden Bedeutung von Humankapital hat das elitäre Systems der *grandes écoles* einen hohen Stellenwert. Auf Seiten der Absolventen der Elitehochschulen ist der Abschluss nicht nur mit einem hohen Maß an Prestige, sondern auch mit einem gesicherten Arbeitsplatz verbunden (vgl. Kollmann, 1998, S. 29). Neben der Aneignung von Wissen geht es an den Elitehochschulen um die „Assimilierung eines bestimmten Habitus" (Passet, 2003,

S.200). Studenten sollen „das Bewußtsein verinnerlichen, dass sie die künftige wissenschaftliche Elite des Landes bilden werden und hierin in einer Ahnenfolge stehen" (Passet, 2003, S.220). Man gibt den Wissenskanon von Generation zu Generation weiter, bewahrt Traditionen und protegiert die Nachkommen, indem man „sich gegenseitig Posten zuschanzt" (Passet 2003, S.220). Für die Studenten der *grandes écoles* hat diese Form der Ausbildung durchaus positive Auswirkungen. Schließlich geht es nicht darum, den Einzelnen zu einem konformen Mitläufer ohne eigene Persönlichkeit zu machen. Im Gegenteil hat diese Form der Ausbildung unschätzbaren Wert für die Ausbildung eines zuverlässigen Selbstbewusstseins, des *savoir-dire*, also des Zu-Reden-Verstehens und der Entfaltung des Individuums. Daraus ergibt sich eine Staatselite, die „keineswegs nur durch ein affirmatives Verhältnis zu Staat und Gesellschaft gekennzeichnet ist" (Passet, 2003, S.221). Ein weiteres Kennzeichen der *grandes ècoles* ist der enge Zusammenhalt innerhalb jedes Jahrgangs. In Deutschland kennt man dieses Phänomen nur aus den Abiturjahrgängen. Ein Grund für diese Entwicklung ist die Aufteilung der Studenten in Gruppen, deren Stundenplan identisch gestaltet ist (vgl. www.frankreich-info.de, 2005e: Online im Internet). Ein weiterer Anreiz für ein Studium an einer *grande école* ist zudem die finanzielle Unterstützung. Studierende der staatlichen *grandes écoles* erhalten während der gesamten Ausbildung eine Art Beamtengehalt. Nicht-staatliche Elitehochschulen finanzieren sich unter anderem aus der *taxe d'apprentissage*, einer Art Ausbildungsförderungsabgabe, die jedes französische Unternehmen leisten muss (vgl. Grosse, 1997, S.253). In diesen privaten Einrichtungen müssen die Studenten allerdings für einen Teil ihrer monatlichen Ausgaben selbst aufkommen. Interessant ist in diesem Zusammenhang die Tatsache, dass die *grandes écoles* in ihren Anfängen aufgrund der von ihnen angebotenen Vollstipendien, den schwächer gestellten Schichten eine gute Möglichkeit zum sozialen Aufstieg boten. Studierende aus der Oberschicht bevorzugten Ende des 18. bzw. Anfang des 19. Jahrhunderts eher ein Studium der Rechtswissenschaften oder der Medizin, welches damals genauso wie heute an den Universitäten absolviert wurde. Die heute vorherrschende gesellschaftlich elitäre Prägung der *grandes écoles* entwickelte sich maßgeblich nach dem Zweiten Weltkrieg, als die Tendenz an den Universitäten aus bereits genannten Gründen zur Massenuniversität ging.

Auch die „Leitbildwandlung vom humanistischen Bildungsbürger zum beweglichen, anpassungsfähigen Technokraten, der dennoch einen feinen Geschmack für Literatur und bildende Kunst besitzt" (Grosse et al., 1997, S.254f.) hatte ihren Anteil an dieser Entwicklung.

Insgesamt lässt sich feststellen, dass *grandes écoles* eine geeinte und tüchtige Elite hervorbringen, „die oft im Stande ist, einander über die hemmenden Schranken des französischen öffentlichen Lebens hinweg die Hände zu reichen" (Grosse et al., 1997, S.253) Dies ist ein Charakteristikum, das sowohl für die Privatindustrie als auch für den Staatsdienst gilt.

4.2 Bewerbung und Aufnahmeverfahren

Je höher das Ansehen einer Elitehochschule, desto schwieriger sind die Zulassungsbedingungen. Um einen Studienplatz an einer der *grandes écoles* zu erhalten, bereiten sich durchschnittlich 10% der Abiturienten zwei Jahre lang auf eine äußerst selektive Prüfung, den *concours*, vor. Hierzu werden spezielle Kurse, die sogenannten *classes préparatoires*, sowohl an den Gymnasien als auch an den grandes *écoles* selbst angeboten. Ohne den Besuch dieser Vorbereitungskurse ist das Bestehen der Aufnahmeprüfung nahezu aussichtslos (vgl. Kollmann, 1998, S. 28f). Letztlich erhalten jedoch weniger als 5 Prozent der Hochschulstudenten einen Studienplatz an einer der Elitehochschulen (vgl. Pletsch, 2003, S.337).

4.3 Das Studium

An den *grandes écoles* beginnt das Studienjahr bereits im September (vgl. www.frankreich-info.de, 2005c: Online im Internet). Die *classes préparatoires* haben hier den gleichen Status wie das Grundstudium an den Universitäten. Das anschließende Hauptstudium führt schließlich zum Niveau bac+5 (vgl. www.frankreich-info.de, 2005d: Online im Internet). Es ist anfangs durch theoretische Inhalte bestimmt und geht dann in ein „problemorientiertes Studium in Kleingruppen" (Passet, 2003, S.218) über, welches die Flexibilität und Kreativität der Studierenden fördern soll.

Für Studenten, die sich für Stellen in den obersten staatlichen Behörden, den *grands corps*, bewerben, werden im Anschluss an die Abschlussprüfungen Ranglisten erstellt.

Da diese Listen zur Klassifizierung der Leistung verwendet werden, nennt man dieses Verfahren auch *classement*. Beim der Abschlussprüfung, dem *concours* kommt es nicht darauf an, dass man über ein bestimmtes Wissensspektrum verfügt, denn letztendlich bestehen ohnehin nur so viele Examenskandidaten die Prüfung, wie Stellen vorhanden sind. Das heißt nur die Obersten der Rangliste werden einen Abschluss erhalten. Sind in einem Jahr weniger Stellen vorhanden, so könnte eine Leistung, die im Vorjahr zum Bestehen der Prüfung genügt hat, im folgenden Jahr nicht mehr ausreichend sein. Transferwissen sowie Kreativität und eigenständiges Denken werden im *concours* nicht explizit geprüft. Vielmehr schreiben spezielle Programme genau vor, welche Wissensbereiche vorbereitet werden sollen. Sobald die Studenten der *grandes écoles* ihren Abschluss erworben haben, geht es in medias res. Weder die zukünftigen Lehrer bzw. Hochschuldozenten noch die Graduierten der Verwaltungshochschulen oder Ingenieurhochschulen sind dazu verpflichtet während des Studiums praktische Erfahrung zu sammeln. Eine didaktische Vorbereitung für Lehrpersonen im Rahmen eines Referendariats gibt es nicht (vgl. Passet, 2003, S.218f.).

5 Alternativen zur Universität: IUT, IUP und STS

5.1 Allgemeines

Sowohl die IUTs, die *instituts universitaires de technologie*, als auch die IUPs, die *instituts universitaires professionalisés* sind innerhalb der Universitäten untergebracht und an die jeweiligen Fachbereiche angegliedert. Die hier vermittelte Ausbildung sieht ihren Schwerpunkt in der Berufs- und Praxisorientierung (vgl. Kollmann, 1998, S.27).

Die IUTs wurden 1966 gegründet und bilden *cadres moyens* aus, ein Berufsgrad, welcher der mittleren Beamtenlaufbahn in Deutschland entspricht. Heute gibt es ca. 80 dieser Institute (vgl. Grosse et al.,1997, S.259f.). In den IUTs verbringt der Student 2 Jahre. Das hier erworbene DUT , das *diplôme universitaire de technologie*, kann dabei im industriellen oder verwaltungstechnischen Sektor abgeschlossen werden (vgl. Kollmann, 1998, S.27). Insgesamt gibt es 21 verschiedene DUTs (vgl. Grosse et al., 1997, S.260). Gerade im Bereich der Wirtschaft werden Absolventen dieser Fachhochschulen aufgrund ihrer berufsorientierten Ausbildung gegenüber Universitätsabsolventen bevorzugt (vgl. Passet 2003, S.215).

In den IUPs, welche 1991/92 eingeführt worden sind und von denen es bis heute 122 an den verschiedenen Universitäten Frankreichs gibt, dauert die Ausbildung 3 Jahre (vgl. Grosse et al., 1997, S.263). Hier sind zusätzlich ein 6-monatiges Berufspraktikum und zwei Fremdsprachen Bestandteil des Studiums. Außerdem wird in der Ausbildung auf die Forschungskomponente Wert gelegt. Der hier erworbene Abschluss ist dreistufig. Das erste Jahr der Ausbildung wird mit dem DEUP, dem *diplôme d'études universitaires professionnelles*, abgeschlossen, nach dem zweiten Jahr erwirbt der Student die *licence* und nach dem dritten die *maîtrise*. Letztere wird auch durch den Titel des *ingenieur-maître* gekennzeichnet (vgl. Kollmann, 1998, S.27).

Wer ein technisches Gymnasium besucht hat, kann nach dem Abitur das BTS, das *Brevets de Technicien Supérieur*, welches dem Diplom eines höheren Technikers entspricht, erwerben. Hierzu besucht man eine der 1300 STS, der *Sections de Techniciens Supérieurs*. Das BTS wird an dieser Stelle erwähnt, da es im Vergleich zu dem ebenfalls berufsorientierten Universitätsabschluss der IUTs oftmals als höherwertiger angesehen wird (vgl. Passet, 2003, S.216). In Frankreich gibt es über 80 verschiedene STS, in denen in einer zweijährigen, sich an das Abitur anschließenden Ausbildung, berufsorientierte Inhalte gelehrt werden. In der Regel sind die STS direkt in ein *lycée technique* integriert. Die Aussichten, nach dem erfolgreichen Abschließen dieses Kurzstudiums einen Arbeitsplatz zu finden, sind sehr vielversprechend. In Deutschland gibt es zu dieser Ausbildungsform kein Äquivalent (vgl. Kollmann, 1998, S. 29).

Sowohl Inhabern eines DUTs als auch die BTS-Absolventen tendieren zum Zusatzstudium an einer Universität oder *grande école*. Hauptgrund hierfür ist die Hoffnung auf eine Verbesserung der Gehaltsaussichten. Die Berufsaussichten für Absolventen der IUTs, IUPs und STS stehen jedoch im Allgemeinen aufgrund ihrer berufsbezogenen Ausbildung nicht schlecht. Nach der Ansicht von Grosse et al. (1997, S.260f.) könnte man die Universitäten als „Auffangbecken für die Masse all derer, denen der Sprung in ein IUT, eine S.T.S. oder gar in den Vorbereitungskurs in einer *Grande Ecole* nicht gelang" bezeichnen. Der große Erfolg von Einrichtungen wie den IUTs, IUPs und STSs erklärt sich zudem durch die Tatsache, dass die *grandes écoles* nicht länger in der Lage sind den großen Bedarf an Ingenieuren abzudecken (vgl. Grosse et al., 1997, S.263).

5.2 Bewerbung und Aufnahmeverfahren

Die IUTs waren als Alternative zur Universität gedacht und bei ihrer Gründung wurde geplant, dass sie etwa 25% der Abiturienten aufnehmen sollten. Die Bewerberzahl war jedoch so groß, dass man schließlich die Anzahl der Studenten durch die Einführung einer Vorauswahl reduzieren musste (vgl. Grosse et al.,1997, S.259f.). Für die Aufnahme des Studiums an einer IUT bzw. IUP gibt es oftmals ein zweigliedriges Selektionsverfahren. Zum einen müssen Interessenten ihre *Baccalauréat*-Zeugnisse und eine Bewerbungsmappe einreichen, die von einer Kommission geprüft und bewertet werden. Zum anderen werden an einigen Universitäten die so ausgewählten Kandidaten zusätzlich zu einem Bewerbungsgespräch eingeladen (Kollmann, 1998, S.27).

5.3 Das Studium

In den berufsqualifizierenden Studiengängen ist das Studienjahr in Semester aufgeteilt. Das erste Semester beginnt im September und dauert bis Anfang Februar. Es wird lediglich von den Weihnachtsferien unterbrochen. Manche Schulen schließen zudem für eine Woche während der Herbstferien. Nach einer *semaine de revision* am Ende des Semesters, die der Vorbereitung auf die Prüfungen dient, wird das erste Halbjahr mit einer Prüfungswoche abgeschlossen. Während des im Juni endenden zweiten Semesters bekommen die Studierenden zwei Wochen Osterferien. Wiederum folgen eine *semaine de revision* und die daran anschließende Prüfungswoche. Nachhol- bzw. Wiederholungstermine werden in der Regel Anfang September angesetzt (vgl. www.frankreich-info.de, 2005c: Online im Internet).

Bei der berufsorientierten Ausbildung unterscheidet man zwischen dem 2-jährigen *cycle court*, bac + 2 und dem *cycle long*, bac + 3. Die Abschlüsse des IUT und der BTS gehören dabei zum *cycle court*, die der IUPs zum *cycle long* (vgl. Kollmann, 1998, S. 32).

6 Fazit

Im Hinblick auf die Weiterentwicklung des tertiären Bildungssektors ergeben sich mehrere parallele Aspekte.

Neben dem Wirtschaftswachstum übten die aufgrund der pronatalistischen Politik stark anwachsenden Geburtenraten in den 1960er Jahren einen enormen Druck auf das Hochschulsystem aus. Seither nehmen zwar die Geburtenraten relativ ab, der zahlenmäßige Anteil der Studierenden nimmt jedoch nach wie vor zu. Allein zwischen den Studienjahren 1963/64 und 1993/94 sind die Zahlen von 383.500 auf 2.064.000 angestiegen (vgl. Abb.7).

Abb. 7: Entwicklungen der Studierendenzahlen von 1963 - 1994

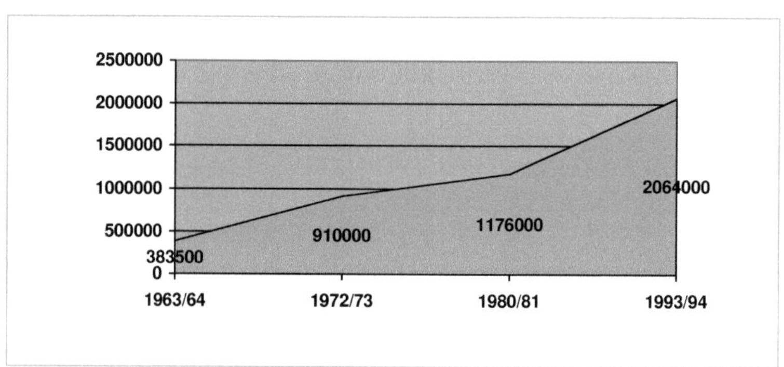

Quelle: Grosse et al., 1997, S.221, eigene Darstellung.

Mehr als 1.3 Millionen Studenten entfielen dabei im Studienjahr 1993/94 auf die Universitäten. Diese drastischen Entwicklungen stehen zum einen in direktem Zusammenhang mit der grundsätzlichen Offenheit der Universitäten. Zum anderen führt das Bestreben der Regierung den Bildungsgrad der Bevölkerung zu erhöhen zu einem vermehrten Eintritt in den tertiären Bildungssektor. Um die Entwicklung eines Staates zu verbessern genügt es jedoch nicht, die Anzahl der akademisch gebildeten Bevölkerungsschicht zu erhöhen. Gleichzeitig bedarf die qualitative Situation der Studienbedingungen, gerade an den Universitäten, einer innovativen bildungs-politischen Überarbeitung.

Das erklärte Ziel des französischen Bildungssystems ist es jeden Schüler bzw. Studenten zu einem „fleißigen, anpassungsfähigen, wissenshortenden und reproduzierenden Jugendlichen" (Grosse, 1997, S. 224) zu machen. Die natürliche Folge ist, dass man zur Bildung einer übergeordneten Elite auf das System der *grandes écoles* zurückgreifen muss, an denen in größerem Maß Können, Souveränität, Entscheidungsfähigkeit und Engagement gefördert werden. Eine Maßnahme, die dieser Entwicklung vorgreifen könnte, wäre die Beschränkung der Studienanfänger, wie es der konservative Teil Regierung fordert. Um dies zu erreichen müsste das Image von berufsorientierten Schulen und dem Werdegang der Ausbildung durch Attraktivitätssteigerung verbessert werden. Um im internationalen Wettbewerb bestehen zu können müsste eine neue Elite geschaffen werden. Diese staatstreue und konservative Elite soll dann über Skills wie Wirtschaftsrecht, Personalführung, Verhandlungstaktiken und vieles mehr verfügen. Deren Zielsetzung müsste es sein, die Interessen des Staates mit den notwendigen Innovationen zu verbinden. Die Entwicklung würde vom „Egalitären zum Elitären" (Grosse, 1997, S. 225) gehen. Um dies zu realisieren muss man sich freilich mit Wählern, Lobbies, Fachvertretern und Bildungseinrichtungen einigen. In Frankreich erscheint eine solche Entwicklung aufgrund der bereits vorhandenen elitären Strukturen des Bildungssystems dennoch nicht abwegig. Die reformierten Schulformen und Studiengänge müssten Fächer wie Technologie, Betriebswirtschaft, Psychologie und Angewandte Psychologie beinhalten. Außerdem ist die Förderung von Kreativität, Selbstentscheidung und Gruppenorientierung unumgänglich. Sicher ist, dass aufgrund der aktuellen Entwicklungen neue Wege gefunden werden müssen (Grosse, 1997, S.224ff.).

Ein weiteres Manko ist die Verteilung finanzieller Ressourcen. Da die grandes école traditionell die Staatselite ausbilden, werden ihnen Aufwendungen im erheblichen Maße zugestanden. Die Ausstattung der Universitäten hingegen lässt sehr zu wünschen übrig. Diese Entwicklungen wirken sich direkt auch auf inhaltliche Komponenten des Hochschulsystems aus (Passet 2003, S.215).

Trotz einer Vielzahl von Versuchen das französische Bildungssystem und damit auch den tertiären Bildungssektor zu reformieren sind die Haupteinflüsse nach wie vor auf ältere Traditionen zurückzuführen. Hierzu zählen der Zentralismus, das Jesuitenkolleg der Gegenreformation und die Gegensätze zwischen egalitär-revolutionärer, sowie elitär-konservativer politischer Gesinnung (vgl. Grosse, 1997, S.240).

Tatsache ist, dass der Arbeitsmarkt aufgrund moderner Technologien schrumpfen wird und trotzdem immer mehr Hochschulabsolventen auf den Arbeitsmarkt drängen. Unter Staatspräsident Chirac versuchte man 1986 den Hochschulen durch einen Gesetzentwurf die Möglichkeit zu geben, Zulassungsbeschränkungen einzuführen. Das Volk reagierte mit Massendemonstrationen, woraufhin das Vorhaben gekippt wurde. Die einzige Möglichkeit bliebe damit das Selektionsprinzip, d.h. das Herausprüfen von Studierenden während des Studiums. Alternativen für diese Hochschulabgänger werden allerdings kaum angeboten. Diese Vorgehensweise ist unpopulär und kostet natürlich Wählerstimmen. Eine mögliche Lösung wäre der Ausbau von Fachhochschulen, die im Gesundheitswesen, in sozialtherapeutischen Studiengängen und kaufmännischen Berufen ausbilden (vgl. Grosse, 1997, S.250).

Ein sehr positives Charakteristikum, das in den kommenden Jahren noch ausgebaut werden sollte, ist die Durchlässigkeit des französischen Bildungssystems. Man spricht hier von kleinen Brücken, den *passerelles*. Dabei kann von einer IUT oder STS auf eine Universität oder nach dem Absolvieren eines *concours* auch auf eine *grande école* übergewechselt werden (vgl. Grosse, 1997, S.252).

Aller Voraussicht nach wird man sich darum bemühen, die Leistungselite in Frankreich auch in den kommen Jahren maßgeblich zu fördern. Hauptgrund hierfür ist die Tatsache, dass man trotz der Einführung der Chancengleichheit seit der Französischen Revolution im Grunde davon überzeugt ist, dass eine Leistungselite als Mittel zur Modernisierung und Machtsteigerung dient. Diese Entwicklung ist allerdings längst nicht mehr ein ausschließlich französisches Thema. Auch in Deutschland und anderen europäischen Ländern wird diese Diskussion unter dem Stichwort ‚Humankapital' geführt, wobei man versucht der Wirtschaft höchstqualifizierte Arbeitskräfte zuzuführen, die in der Lage sind die wirtschaftliche und staatliche Macht des jeweiligen Landes voranzutreiben. Frankreich kann in diesem Zusammenhang seine Vorreiterposition auch weiterhin ausbauen.

7 Literaturverzeichnis

1. Grosse, E.-U.; Lüger, H.H. (1997): Frankreich verstehen. Frankfurt.

2. Günther, H. (1968): Studium in Frankreich. Bonn.

3. Kollmann, D.; Meisser, B. (1998): Studieren in Europa - Frankreich. Würzburg.

4. Pletsch, A. (^{2}2003): Frankreich. Wissenschaftliche Länderkunden. Darmstadt.

5. Ministère de L'Èconomie, des Finances et de L'Industrie (2003) (Hrsg.): Annuaire Statistique de la France. Paris.

6. Passet, E. (2003): Kultur Schlüssel Frankreich. München.

7. Schmude, J. (2005) : Vorlesung Frankreich - Universität Regensburg Wintersemester 2004/2005. Regensburg.

8. www.collège-de-France.de (2005): Préséntation générale. Online im Internet: http://www.college-de-france.fr/site/ins_pre/p1098703881615.htm. Stand: 11.4.2005.

9. www.frankreich-info.de (2005a): Das französische Hochschulsystem – Einführung. Online im Internet: http://www.frankreich-info.de/campus/studium1.htm. Stand: 8.4.2005.

10. www.frankreich-info.de (2005b): Das französische Hochschulsystem – Hochschularten. Online im Internet: http://www.frankreich-info.de/campus/studium2.htm. Stand: 8.4.2005.

11. www.frankreich-info.de (2005c): Das französische Hochschulsystem – Ein Universitätsjahr. Online im Internet: http://www.frankreich-info.de/campus/studium3.htm. Stand: 8.4.2005.

12. www.frankreich-info.de (2005d): Das französische Hochschulsystem – Der Studienaufbau. Online im Internet: http://www.frankreich-info.de/campus/studium4.htm. Stand: 8.4.2005.

13. www.frankreich-info.de (2005e): Das französische Hochschulsystem – Studiengänge. Online im Internet: http://www.frankreich-info.de/campus/studium5.htm. Stand: 8.4.2005.

14. www.frankreich-info.de (2005f): Das französische Hochschulsystem –
Studiengänge II. Online im Internet: http://www.frankreich-
info.de/campus/studium6.htm. Stand: 8.4.2005.

15. www.frankreich-info.de (2005g): Das französische Hochschulsystem –
Studiengänge II. Online im Internet: http://www.frankreich-
info.de/campus/studium7.htm. Stand: 8.4.2005.

16. www.frankreich-info.de (2005h): Das französische Hochschulsystem –
Studiengänge II. Online im Internet: http://www.frankreich-
info.de/campus/studium8.htm. Stand: 8.4.2005.

17. www.paris4.sorbonne.fr (2005): Historique de Paris-Sorbonne. Online im
Internet: http://www.paris4.sorbonne.fr/fr/article.php3?id_article=333. Stand:
11.4.2005.

18. www.stern.de (2005a) : Soziale Herkunft an Hochschulen immer wichtiger.
Online im Internet: http://www.stern.de/wirtschaft/arbeit-
karriere/538872.html?nv=cb. Stand: 7.5.2005.

19. www.stern.de (2005b) : Studiengebühren – Wie machen es die anderen?. Online
im Internet: http://www.stern.de/politik/deutschland/535644.html?nv=cb. Stand:
7.5.2005.

8 Abbildungsverzeichnis

Abb. 1: Hochschulstandorte in Frankreich aufgeteilt nach Verwaltungsbezirken. In: Kollmann, D.; Meisser, B. (1998): Studieren in Europa - Frankreich. Würzburg. S. 30.

Abb. 2: Verwaltungsbezirke und Hochschulen im Großraum Paris. In: Kollmann, D.; Meisser, B. (1998): Studieren in Europa - Frankreich. Würzburg. S. 31.

Abb. 3: Abiturtypen in Frankreich. Eigene Darstellung nach: Kollmann, D.; Meisser, B. (1998): Studieren in Europa - Frankreich. Würzburg. S.32.

Abb. 4: Prozentualer Anteil der Vollzeitstudenten an der in Ausbildung befindlichen Bevölkerung im Jahr 2000. Eigene Darstellung nach: Pletsch, A. (22003): Frankreich. Wissenschaftliche Länderkunden. Darmstadt. S.338f.

Abb. 5: Anteil der Empfänger staatlicher Unterstützungsleistungen an der Gesamtzahl der Studierenden. Eigene Darstellung nach: Schmude, J. (2005): Vorlesung Frankreich - Universität Regensburg Wintersemester 2004/2005. Regensburg.

Abb. 6: Das französische Universitätssystem. Eigene Darstellung nach: Pletsch, A. (22003): Frankreich. Wissenschaftliche Länderkunden. Darmstadt. S. 338.

Abb. 7: Entwicklungen der Studierendenzahlen von 1963 – 1994. Eigene Darstellung nach: Grosse, E.-U.; Lüger, H.H. (1997): Frankreich verstehen. Frankfurt. S.221.